BEI GRIN MACHT SICH IHR WISSEN BEZAHLT

- Wir veröffentlichen Ihre Hausarbeit, Bachelor- und Masterarbeit

- Ihr eigenes eBook und Buch - weltweit in allen wichtigen Shops

- Verdienen Sie an jedem Verkauf

Jetzt bei www.GRIN.com hochladen und kostenlos publizieren

Ahmad Yasin

Der Wandel des türkischen Einzelhandels

GRIN Verlag

Bibliografische Information der Deutschen Nationalbibliothek:

Die Deutsche Bibliothek verzeichnet diese Publikation in der Deutschen National-
bibliografie; detaillierte bibliografische Daten sind im Internet über http://dnb.d-
nb.de/ abrufbar.

Impressum:

Copyright © 2013 GRIN Verlag GmbH
Druck und Bindung: Books on Demand GmbH, Norderstedt Germany
ISBN: 978-3-656-50174-9

Dieses Buch bei GRIN:

http://www.grin.com/de/e-book/233471/der-wandel-des-tuerkischen-einzelhandels

GRIN - Your knowledge has value

Der GRIN Verlag publiziert seit 1998 wissenschaftliche Arbeiten von Studenten, Hochschullehrern und anderen Akademikern als eBook und gedrucktes Buch. Die Verlagswebsite www.grin.com ist die ideale Plattform zur Veröffentlichung von Hausarbeiten, Abschlussarbeiten, wissenschaftlichen Aufsätzen, Dissertationen und Fachbüchern.

Besuchen Sie uns im Internet:

http://www.grin.com/

http://www.facebook.com/grincom

http://www.twitter.com/grin_com

„Der Wandel des türkischen Einzelhandels"

Seminararbeit

von

Ahmad Yasin

Universität zu Köln

Geographisches Institut

Studiengang Geographie M.Sc.

Seminar: Kulturlandschaftswandel in der Türkei

Inhaltsverzeichnis

Tabellenverzeichnis

1. Einleitung

Infolge der schnellen Entwicklung der Weltwirtschaft, ändern sich auch die diversen Sektoren der Wirtschaft. So auch unterliegt der Einzelhandel einer starken Veränderung. Auf das veränderte Konsumentenverhalten sowie der gestiegenen Nachfrage, entwickelten sich neue und moderne Betriebsformen des Einzelhandels, die starke Abweichung von den traditionellen Strukturen aufweisen können (DURAK 2004: 7). Die Veränderungen im Einzelhandel sind zunächst ab den 1930er Jahren in Industriestaaten wie den Vereinigten Staaten von Amerika, Großbritannien, Deutschland und Frankreich zu verzeichnen. Aufgrund der zunehmenden Globalisierung sowie der Internationalisierung ist diese Veränderung der Einzelhandelslandschaft weltweit zu verzeichnen (DURAK 2004: 7).

Die Veränderung erfasste die Türkei relativ spät in den 1980er Jahren. Fortan sind aber auch in der Türkei die Konsequenzen der Globalisierung und der Internationalisierung bemerkbar. Große Einzelhandelsketten breiten sich jeher auf dem türkischen Markt aus, wobei die traditionellen Einzelhandelsstrukturen zunehmend verdrängt werden (DURAK 2004: 7). Vor diesem Hintergrund, befasst sich die vorliegende Arbeit zunächst mit einer Definition des Einzelhandels. Darauffolgend wird der traditionelle Einzelhandel in der Türkei näher dargestellt. Im Anschluss wird der moderne Einzelhandel in der Türkei vorgestellt, wobei die Rahmenbedingungen vorgestellt werden, die es ermöglichten den modernen Einzelhandel in der Türkei zu etablieren. Des Weiteren wird auf die Ausbreitung der modernen Struktur eingegangen und auf den Dualismus der beiden Einzelhandelsformen. Zuletzt wird ein kurzes Fazit vorgestellt.

„Zum Einzelhandel zählen alle Betriebe, deren wirtschaftliche Tätigkeit ausschließlich oder überwiegend darin besteht, Handelswaren an Endverbraucher (Privathaushalte) zu verkaufen. Handelswaren werden in der Regel nicht selbst be- oder verarbeitet, sondern von anderen Marktteilnehmern beschafft" (SCHULZ et al 2009: 9).

2. Traditioneller Einzelhandel in der Türkei

Für die islamisch-orientalischen Städte ist als wirtschaftlicher Mittelpunkt der Bazar charakteristisch (HEINEBERG 2006: 288f.). Merkmale des traditionellen Bazars sind neben einer breiten Palette des Warensortiments, eine fein differenzierte Gliederung des Angebots und eine räumliche Kumulierung in bestimmten Straßen und Gassen (Palencsar & Kreis 2001: 25). Im weiteren Verlauf der Arbeit, wird auf den Lebensmitteleinzelhandel eingegangen, zum einen weil die Literatur sich hauptsächlich damit beschäftigt, und zum anderen weil dieser den größten Veränderungen unterworfen ist.

Der türkische Einzelhandel ist geprägt von kleinen Lebensmittelgeschäften, welche im türkischen Bakkals genannt werden (TOKATLI & BOYACI 1998: 346). Der Begriff „Bakkal" stammt ursprünglich aus dem arabischen und bedeutet soviel wie Obst und Gemüsehändler, Viktualienhändler, Höker oder Krämer (DURAK 2004: 9). Bakkals sind kleine Geschäfte und weisen eine Verkaufsfläche bis zu 50 m² auf. Diese kleinen Geschäfte sind vornehmlich Familienbetriebe und haben meist einen Geschäftsinhaber der gleichzeitig das Geschäft verwaltet. In wenigen Fällen arbeiten mehrere Leute in einem Bakkal. Typisch für diese Geschäftsform ist jedoch, dass oftmals jugendliche Helfer (çırak) beschäftig sind, welche die Kundschaft beliefern (DURAK 2004: 77). Bakkals verfügen über ein begrenztes Angebot an Gütern, häufig setzen sich die Produkte aus Gütern des täglichen Bedarfs zusammen. Die Kapitalakkumulation der *bakkals* ist aufgrund des kleinen Einzugsgebietes, relativ niedrig. Die Geschäfte sind zumeist schlicht aufgebaut und setzen sich aus einer Kühltruhe für die Lebensmittel, einer Kasse und einem Telefon für die Bestellungen zusammen (DURAK 2004: 77).

3. Moderner Einzelhandel in der Türkei

Die türkische Wirtschaft basierte bis in die 1980er Jahre auf Importsubstitutionen und die Wirtschaft des Landes war größtenteils vom Staat kontrolliert. Die türkische Wirtschaft kam einer Plan Wirtschaft nach. Die Verteilung der Waren und Güter wurde den kleinen traditionellen Händlern überlassen (KOMPIL & CELIK 2006: 2).

Bereits in den 1950er Jahren versuchte die türkische Regierung jedoch, den Einzelhandel zu modernisieren. Ziel war es, eine effektive Verteilung und niedrige Preise insbesondere für die „arme städtische Bevölkerung" zu ermöglichen (FRANZ & HASSLER 2011: 29). Ein Meilenstein zu Erlangung dieses Zieles war die Kooperation mit dem Schweizer Migros-Genossenschaftsbund. Dieser wurde von der türkischen Regierung eingeladen, um den Aufbau eines modernen Einzelhandels voranzutreiben (FRANZ & HASSLER 2011: 29). Migros brachte dabei internationale Erfahrung im Lebensmittelsektor mit (DURAK 2004: 69). Bereits 1954 wurden die ersten Supermärkte in einem Joint Venture eröffnet. Der Schweizer Genossenschaftsbund hatte dabei einen Anteil von 51 Prozent. 1975 jedoch verkaufte die Schweizer Migros ihre Anteile an die Koç-Holding (FRANZ & HASSLER 2011: 29). Diese durfte den Namen Migros weiterführen. 1956 wurde eine weitere staatliche Supermarktkette gegründet, Gima A.S., wobei hier nicht nur Lebensmittel sondern auch Textilien sowie Elektrogeräte verkauft wurden. Des Weiteren wurden 1973 Tansas-Supermärkte gegründet, die bis in die 1990er Jahre, die zweitgrößte Kette hinter Migros Türk blieb (FRANZ & HASSLER 2011: 29).

Migros war bis 1975 das einzige ausländische Unternehmen, das in der Türkei eine Supermarktkette in Betrieb nahm. Denn zwischen 1945 und 1980 wurde die türkische Wirtschaft durch Schutzzölle von ausländischen Konkurrenten isoliert. Importe wurden durch hohe Zölle enorm gehindert und ausländische Direktinvestitionen wurden durch strenge Regularien unattraktiv gemacht (FRANZ & HASSLER 2011: 30). Des Weiteren wurden Exporte durch staatliche Bürokratie bedeutend gehemmt (MOSER-WEITHMANN 2008: 85).

Supermärkte nach westlichem Vorbild gibt es in der Türkei demnach bereits seit den 1950er Jahren. Zum Durchbruch der Supermarktketten kam es aber erst nach 1980. Im Folgenden wird nun erklärt wie es dazu kam.

3.1 Expansion des modernen Einzelhandels in der Türkei

Die Expansion des modernen Einzelhandels ist geprägt von mehreren Faktoren. Zum einen hat die Türkei eine schnell wachsende urbane Bevölkerung. Lebten 1960 noch 70 Prozent der Türken auf dem Land, so leben heute 70 Prozent der Türken in Städten (HERMANN 2010: 1). Die Urbanisierung bringt sozio-ökonomische und kulturelle Veränderung mit sich. So gibt es zunehmend mehr Frauen die wirtschaftlich aktiv sind und mehr Kleinfamilien als vor einigen Jahrzenten. Die Distanz zwischen dem Wohnort und der Arbeitsstätte vergrößern sich zunehmend aufgrund des erhöhten Individualverkehrs (KOC 2009: 4). Solche Veränderungen beeinflussen die Nachfrage nach Autos, Kühl- und Gefrierschränken, Mikrowellen und Fertiggerichten. Damit steigt die Nachfrage nach Gütern, die „typischerweise" in Supermärkten angeboten werden (FRANZ & HASSLER 2011: 31). Des Weiteren ist das Pro Kopf Einkommen 4,7 mal höher als noch vor 30 Jahren. Zudem erreicht die junge türkische Bevölkerung einen zunehmend höheren Bildungsstand als vor 30 Jahren.

Wie bereits erläutert, war Migros bis 1975 das einzige ausländische Unternehmen, das in der Türkei eine Supermarktkette in Betrieb nahm. Die türkische Wirtschaft war von Schutzzöllen geprägt um ausländische Konkurrenten den Markteintritt zu erschweren und unattraktiv zu gestalten. Dabei wurden Importe durch hohe Zölle enorm gehindert und ausländische Direktinvestitionen wurden durch strenge Regularien unattraktiv gemacht (FRANZ & HASSLER 2011: 30). Des Weiteren wurden Exporte durch staatliche Bürokratie bedeutend gehemmt (MOSER-WEITHMANN 2008: 85).

In der Ära des türkischen Ministerpräsidenten Turgut Özal ab 1983, änderte sich die Wirtschaftspolitik der Türkei. Der Ministerpräsident „setzte einen zunehmend marktorientierten Reformschub in Gang, der binnen- und außenwirtschaftlich auf Liberalisierung setzte" (MOSER-WEITHMANN 2008: 85). Importbeschränkungen wurden abgeschafft, Exporte gefördert und staatliche Unternehmen zunehmend privatisiert. Dies hatte zum Ziel die türkische Wirtschaft konkurrenzfähiger zu machen (MOSER-WEITHMANN 2008: 85). Ferner wurde der moderne Einzelhandel ab 1985 zunehmend von der türkischen Regierung gefördert, auch um das Steueraufkommen zu erhöhen (FRANZ & HASSLER 2011: 30).

Infolge der Liberalisierung des türkischen Marktes, wurde dieser überwiegend von türkischen Holdings (Mischkonzerne) geprägt. Ein Beispiel dafür ist die Koç-Holding, welche 1975 die Supermarktkette Migros komplett erwarb. Ab 1990 investierten zunehmend transnationale Einzelhändler in den türkischen Markt. So traten 1990 die deutsche Metro, sowie die französische Firma Prisunic in den türkischen Markt ein. 1993 betrat die französische Carrefour den türkischen Markt und gründete ein Joint

Venture mit dem Industrie- und Finanzkonglomerat Sabanci Holding unter dem Namen CarrefourSA. 1994 eröffneten die ersten Supermärkte der niederländischen SPAR-Kette und 1995 folgten die Kipa Hypermärkte als belgisch-türkisches Joint Venture. Im Jahre 2003 betrat die britische Tesco den türkischen Markt indem sie Kipa übernahm (FRANZ & HASSLER 2011: 30). Aber nicht nur ausländische Investoren breiteten sich auf den türkischen Markt aus, auch türkische Investoren investierten in Supermärkte. So eröffneten BIM und die Migros Tochter Sok die ersten Discounter in der Türkei und ahmten dabei Aldi nach (FRANZ & HASSLER 2011: 31).

Der moderne Lebensmitteleinzelhandel weist dabei enorme Unterschiede zu dem traditionellen Lebensmitteleinzelhandel auf. Zunächst wurden kleine Supermärkte eröffnet, die jedoch größer waren als die traditionellen Geschäfte. Ab Mitte der 1990er Jahre nahm der Anteil der großen Supermärkte mit Verkaufsflächen von mehr als 1000m² enorm zu (FRANZ & HASSLER 2011: 33). Die Tabelle 1 macht deutlich, inwieweit sich die Betriebsformen unterscheiden. Die Betriebsformen bis 99m² sind dabei den traditionellen Einzelhandel zuzuordnen. Auffällig ist hierbei, dass moderne Betriebsformen mindestens zwei Kassen vorweisen. Des Weiteren zeichnet die modernen Betriebsformen die Selbstbedienung aus.

Betriebsformen	Verkaufsfläche in m²	Kassen	Andere Eigenschaften
Hypermarkt	>2.500	mind. 8	Selbstbedienung, Parkmöglichkeiten, Geldautomat
Großer Supermarkt	1.000-2499	mind. 2	Selbstbedienung
Kleiner Supermarkt	400-999	2	Selbstbedienung
Superette	100-399	2	Selbstbedienung
Mittelgroßes Geschäft	51-99	1	Hauptstraße, Nebenstraße (*yan sokak*)
Bakkal	10-50	1	Nebenstraße im Viertel (*Sokak, cadde*)

Quelle: AC Nielsen Zet. in: BOCUTOĞLU/Atasov: S. 3.
Tab.1: Betriebsformen in der Türkei

3.2 Ausbreitung von Supermärkten

Die Ausbreitung der Supermärkte ist räumlich und sozial sehr ungleich verteilt. Die Ausbreitung beschränkte sich zunächst auf Ankara, Istanbul und Izmir. Später wurden auch kleinere Städte wie Adana, Antalya, Bursa, Gaziantep, Kocaeli, Konya und Mersin „vom Expansionsdrang der Supermärkte erfasst" (FRANZ & HASSLER 2011: 31). Hierbei handelt es sich um Städte mit mindestens 600.000 Einwohnern oder um Städte die für den Tourismussektor von Bedeutung sind. Gegenwärtig erreichen die modernen Supermärkte auch kleinere Städte in der Türkei, jedoch sind die Supermärkte in den peripheren Gebieten vor allem im Süd-Osten und im Osten immer noch eine Ausnahme (FRANZ & HASSLER 2011: 31). Die Verteilung des modernen Einzelhandels spiegelt demnach die regionalen Disparitäten in der Türkei auf. „Insgesamt ist der türkische Lebensmitteleinzelhandel nach wie vor fragmentiert. So sind *Bakkals*, familiengeführte Lebensmittelgeschäfte mit einer Fläche von bis zu 50m², Straßenhändler und Märkte, sowie Bazare immer noch sehr verbreitet (FRANZ & HASSLER 2011: 31).

3.3 Dualismus in der Türkei

Charakteristisch für die wirtschaftliche Entwicklung in den Entwicklungsländern ist der „ökonomische Dualismus". Im Falle des Einzelhandels in der Türkei bedeutet ökonomischer Dualismus, dass „neben dem modernen Geschäften auch kleine traditionelle Läden existieren, wie in der Türkei bakkals weiterhin neben den großflächigen Geschäften tätig sind" (DURAK 2004: 75). Die soziale Herkunft spielt bei den Einkaufsgewohnheiten eine große Rolle. Menschen der Mittel- und Oberschicht ziehen es vor in Supermärkten einzukaufen, während die Unterschicht ihre Einkäufe bei den traditionellen Läden tätigt.

Da sich in den Entwicklungsländern die Wirtschafts- und Handlungsformen mit einer zeitlichen Verzögerung entwickeln, würde dieser Aspekt für den türkischen Einzelhandel bedeuten, dass die traditionellen Geschäfte wie in den Industrieländern vom Markt verdrängt werden (Durak 2004: 75). „Es käme nach und nach zu einer Konzentration bzw. Konsolidierung der großen Einzelhändler, bis schließlich, wie es in Europa der Fall ist, nur einige wenige große Unternehmen den gesamten Markt kontrollieren" (Durak 2004: 75). Obwohl zunehmend ausländische Investoren in den türkischen Markt investieren, halten die traditionellen Geschäfte (*Bakkals* und mittelgroße Geschäfte) noch 41,4 Prozent des Marktanteils. Betrug der Marktanteil im Jahre 2000 noch 55,9 Prozent, so ist dieser bis 2003 auf 41,4 Prozent gesunken.

Betriebsform	Anteil am gesamten Markt in %	
	2002	2003
Hyper-; Ketten- und Supermärkte	45,4	46,6
Hypermarkt (>2.500 m²)	10,2	10,4
Großer Supermarkt (1.000 – 2.499 m²)	11,9	11,4
Kleiner Supermarkt (400 – 999 m²)	11,2	12,1
Superette (100 – 399 m²)	12,1	12,7
Orta boy market (50 – 99 m²)	8,5	8,3
Bakkal (<50 m²)	34,1	33,1
Gesamt	88,0	88,0

Quelle: AC Nielsen Zet, in: *Ekonomist*, 2003, S.27.
Tab. 2: Marktanteile der verschiedenen Betriebsformen

Die Tabelle 2 lässt erkennen, dass der Anteil der traditionellen Geschäfte (bis 99m²) abnahm, wohingegen die modernen Geschäfte (ab 100m²) ihren Anteil vergrößerten.

Betriebsform	1996	1997	1998	1999	2000	2001	2002	2003	1996-2003 in %
Hyper-, Ketten und Supermärkte	1.316	1.682	2.135	2.421	2.979	3.640	4.005	4.242	322,34
Hypermarkt	41	66	91	110	129	149	151	143	348,78
Großer Supermarkt	91	130	210	251	306	257	368	367	403,3
Kleiner Supermarkt	289	404	464	567	726	835	909	968	334,95
Superette	895	1.082	1.370	1.493	1.818	2.299	2.577	2.764	308,83
Orta boy market	10.755	11.417	12.192	13.247	13.232	13.210	13.555	14.537	135,17
Bakkal	164.366	159.171	155.420	148.925	136.763	128.580	122.342	124.283	- 75,14
Gesamt	176.437	172.270	169.747	164.593	152.974	145.430	139.902	143.062	- 81,08

Quelle: AC Nielsen Zet, In: Ekonomist, 19.10.2003, S. 28 und Globus, 2003, S. 73.
Tab. 3: Anzahl der Geschäfte nach Jahren

In der Tabelle 3 wird der strukturelle Wandel noch deutlicher. Hier wird die Entwicklung der verschiedenen Einzelhandelsformate angegeben. Anhand der Tabelle wird deutlich, dass insbesondere die Anzahl der *Bakkals* in dem Zeitraum von 1996 – 2003 um 75,14 Prozent zurückging. Zwar konnte der Anteil der *Orta boy Market* – die auch zu den traditionellen Einzelhandel gezählt werden – um 135,17 Prozent gesteigert werden, so ist dieser Anstieg aber in keinem Vergleich zu den neuen und modernen Betriebsformen, die allesamt einen Anstieg um mindestens 300 Prozent verzeichnen konnten. Insgesamt lässt sich feststellen, dass die modernen Einzelhandelsformate in ihrer Anzahl und ihren Marktanteilen deutlich gewachsen sind und der traditionelle Einzelhandel deutlich abgenommen hat, bzw. die Kleinunternehmer sich dem Trend der neuen Nachfrage nach größeren Verkaufsflächen angepasst haben (DURAK 2004: 77).

4. Fazit

Obwohl der traditionelle Einzelhandel in der Türkei bislang den größten Anteil ausmacht, wird dieser jedoch von dem modernen Einzelhandel nach und nach verdrängt. Der moderne Einzelhandel breitet sich dabei auf Kosten der kleinflächigen Geschäfte aus. Die Versuche des türkischen Staates ab den 1950er Jahren, den türkischen Einzelhandel zu modernisieren, hatten wenig Erfolg. Erst ab Mitte der 1980er Jahre setzte sich der moderne Einzelhandel in Form von Supermärkten durch. Zu Beginn wurden kleine Supermärkte eröffnet, im späteren Verlauf nahm die Verkaufsfläche stetig zu, sodass viele Supermärkte die Verkaufsfläche von 1000m^2 übersteigen.

Globalisierung und Internationalisierung haben den Einzelhandel in der Türkei erheblich erhöht. Die Urbanisierung, die wechselnde Lebensweise der türkischen Bevölkerung, das erhöhte Bildungsniveau sowie das erhöhte Pro-Kopf-Einkommen sind Faktoren, welche den modernen Einzelhandel in der Türkei begünstigt haben. Die Transformation vom traditionellen Einzelhandel hin zum organisierten Einzelhandel in der Türkei begann ab den 1990er Jahren. Große Handelsunternehmen wie Metro, Tesco, Mogros Türk, CarrefourSA und BIM haben mittlerweile einen sehr großen Anteil am türkischen Einzelhandel. Durch Fusionen und Akquisitionen wird der moderne Einzelhandel in der Türkei weiterhin wachsen.

Quellenverzeichnis

Franz, M., Hassler, M. 2011. Globalisierung durch Supermärkte – Transnationale Einzelhändler in der Türkei. Geographische Rundschau 5, S.28-34.

Heineberg, H. 2006. Stadtgeographie. Ferdinand Schöningh Verlag, Paderborn.

Hermann, R. 2010. Demographie – der Türkei geht der Nachwuchs aus. In: Frankfurter Allgemeine. http://www.faz.net/aktuell/wirtschaft/demographie-der-tuerkei-geht-der-nachwuchs-aus-1907543.html, Stand: 12.11.2012

Koc, A., G. Boluk und S. Kovaci 2009. Concentration in food retailing and anti-competetive practices in Turkey. http://ageconsearch.umn.edu/bitstream/58077/2/Koc-Boluk-Kovaci.pdf. Stand: 08.11.2012.

Kompil, M., Celik, M., 2006. Analyzing the retail structure change of Izmir-Turkey: integrative and disintergrative aspects of large-scale retail developments. 42nd ISOCARP Congress.

Moser-Weithmann, B. 2008. Geschäftserfolg in der Türkei. Orell füssli Verlag AG, Zürich.

Tokatli, N. Boyaci, Y. 1998. The changing retail industry and retail landscapes – The case of post-1980 Turkey.

Palencsar, F., Kreis, I., 2001. Der Basar von Bursa. In: Klagenfurter Geographische Schriften. Institut für Geographie und Regionalforschung.

Schulz, F., Klewar, J., Froessler, D., 2009. Einzelhandel im Wandel. Innovative Nahverkehrskonzepte für eine bewohnernahe Versorgung. 2 Überarbeitete Auflage. Düsseldorf.